U0193279

带着**科学**去旅行

中国少年儿童百科全书

花儿的世界

梦学堂 编

北京日报出版社

前　言

　　孩子喜欢读什么书呢？这是每个家长都会问的问题。一本好看的童书一定是既新颖有趣又色彩丰富，尤其是儿童科普类图书。本套图书根据网络图书平台大数据，筛选了近五年来最热门的科普主题，包括动物、鸟类、昆虫、花草、树木、海洋、人的身体、天气、地球和宇宙十大高价值主题。

　　孩子的想象力既丰富又奇特，他们每天都会提出五花八门、千奇百怪的问题，很多问题连家长也难以解答。这时候就需要一套内容丰富、生动有趣，同时能够解答孩子疑惑的科普读物来帮忙。

　　本套图书采用全新的版式来编排，精美大气的高清彩图配上通俗易懂的文字，既生动亲切又新颖有趣。

　　为了让孩子尽可能地理解、记住抽象深奥的植物知识，本书精心设置了"植物小名片"板块，将书中最核心的知识归纳总结在上面，相当于老师在课堂上把重点内容写在小黑板上。孩子只要记住了"植物小名片"里面的知识，就能记住整本书的核心知识。

　　此外，本书还设置了"科学探险队""你知道吗？""小窍门！""小秘密！"等丰富有趣的板块，让孩子开心地跟随书中的小主人公一起去探索神奇的植物世界。

　　衷心期待本书能在孩子心中播下科学的种子，让孩子健康快乐地成长。

科学探险队

米小乐

不太爱学习的男孩，调皮、贪玩，对各种动物，尤其是海洋动物和昆虫感兴趣，好奇心强。

菲菲

对科学很感兴趣的女孩，学习认真，喜欢各种植物，特别是花草。

袋袋熊

贪吃，憨态可掬，喜欢问问题，特别是关于鸟类和其他小动物的问题。

米小乐：菲菲，咱们这次科学探险，要前往什么地方？

菲　菲：这次咱们要去采访花草，它们既生活在森林、田野里，也生活在草原、高山上，当然，城市和乡村也有它们的身影，所以我们要去很多很多地方，任务很艰巨哦！

袋袋熊：我不喜欢花草，我就不去了吧！

米小乐：袋袋熊，不许偷懒，咱们是要探索科学的秘密，可不能半途而废。

菲　菲：是呀，科学探索是非常艰辛的，我们一定要坚持不懈。出发！

本书的阅读方式

每一种花草都有与众不同的生活，它们用第一人称"我"向大家介绍自己。

用第一人称讲述花草的特征、种植知识、具体用途等。

"科学探险队"与花草们亲密接触，在第一现场为大家讲解花草们的神奇生活。

百合

我是雅姿娟秀、亭亭玉立的百合，我的名字非常吉祥，含有百年好合的美好祝愿。我清雅脱俗、芳香宜人，是纯洁、光明、自由、幸福的象征。我长着纤细的茎秆和剑形的叶子，开的花像美丽的喇叭，既有黄色、白色、粉红，也有紫色和带黑色斑点的。我的花期和果期通常在6~9月份，花、种子及鳞茎均可食用。

植物小名片

水芸物——百合目——百合科
分布范围：山坡草丛、跳林、山沟、田野
生长习性：适应性较强，喜凉爽、湿润的半阴环境，较耐寒冷、属长日照植物
种类：多年生草本
用途：观赏、鳞茎色白肉嫩，味道甘甜，含丰富淀粉，是一种名贵的食品

平时吃的百合是百合花吗?

百合：不是。人类常吃的百合，是可食用百合品种的鳞茎。我们百合是一个大科，包含百合属、郁金香属、贝母属等近20个属，有700多种。人类常吃的百合是兰州百合、龙牙百合等品种。而那些超观赏的百合，其实是不能食用的。

在花店看到的百合都是观赏性百合，而超市卖的通常是可食用的百合。食用百合的果实像大蒜一样，但是没

有大蒜那么大，味道也和大蒜不一样。刚上市的鲜百合吃起来味道有点儿苦，需要加工一下才好吃，而干百合味道不苦。

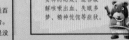

食用百合具有清心、安神的功效，能够缓解潮湿出血、失眠多梦、精神忧郁等症状。

人们结婚时为什么常送百合花?

百合：我们百合象征着纯真、忠诚、高雅、圣洁、天真无邪、坚贞，是吉祥的花卉之一。

在中国，我们百合的名字具有"百年好合""百事合意""家庭美好""伟大之爱"的含义，有深深祝福的美好意义。所以通常被用于喜庆佳节，朋友亲人互赠的礼物，尤其是婚礼上，常和玫瑰或洋桔梗搭配，做喜庆花饰。

要注意!
百合花属于药食同源性食材，对于大多数人而言，可以食用，但风寒咳嗽、体质虚寒者不建议吃百合，以免加重自身不适症状，不利于后期健康恢复。此外，日常生活中所用的装饰性质的百合花，不建议食用，以免引发身体上的不适。

"植物小名片"总结了每种花草所属的门类、分布范围、生长习性、种类，以及用途，是书中的核心知识，方便记忆和理解。

用第一人称介绍花草的各种有趣知识和相关文化。

"要注意!"等小板块进一步介绍花草的各种冷知识、小秘密，以及种植、爱护它们的小窍门和相关诗词。

目录

五颜六色的花

大家对花了解多少呢？美丽的大自然孕育了无数五彩斑斓的花朵，它们像天空的繁星一样多。当我们了解了花的知识，明白了大自然各种奇妙的现象，再去欣赏花朵，就会获得更多乐趣。首先让我们来学习花的基础知识吧！

花是什么？

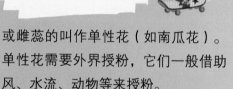

大家跟着我来了解花的奥秘吧！

如果有人问你"花是什么？"你会怎么回答？可以用一句话来回答：花是植物（被子植物）的生殖器官。

花朵和人一样也有性别之分，同时具有雄蕊和雌蕊的叫作两性花（如桃花、牵牛花）。两性花能够单独完成授粉，不需要外界授粉。只有雄蕊或雌蕊的叫作单性花（如南瓜花）。单性花需要外界授粉，它们一般借助风、水流、动物等来授粉。

关于花的知识非常丰富，专门研究它们的人是植物学家。而植物学也是非常有趣且非常有用的科学。

花的结构	
花柄	又叫花梗，支撑花朵，形状结构与茎类似。花柄的长短因植物种类而异，也有无花柄的花。
花托	花柄顶端的膨大部分，花萼、花冠、雄蕊和雌蕊着生的部位。
花萼	花的最外一轮变态叶，通常呈绿色，可大可小，包在花蕾外面，起保护花蕾的作用。
花冠	一朵花中所有花瓣的总称，位于花萼上方或内部。
雄蕊	位于花冠内侧，是产生花粉颗粒的生殖器官，由花丝和花丝顶端囊状的花药组成。
雌蕊	位于花的中央部位，是产生卵细胞的生殖器官，由子房、花柱、柱头3部分组成。

什么是花序？

植物的花按照一定的方式有规律地着生在花轴上，花在花轴上排列的方式和开放次序被称为花序。

按照花在茎上的位置，可将花序分为顶生花序、腋生花序和居间花序三大类。按照花在茎上开花的顺序，可将花序分为无限花序与有限花序两大类。无限花序又可以分为：总状花序、穗状花序、柔荑花序、伞状花序、肉穗花序、头状花序等；有限花序又被称作聚伞花序，可以分为：单歧聚伞花序、二歧聚伞花序等。

顶生花序

花苞

花粉粒

花药

雄蕊

花瓣

花萼

柱头

雌蕊

茎

子房

花柄

花托

胚珠

一枝居间花序和无限花序的花

花粉与繁殖

花粉是由雄蕊中的花药产生的生殖细胞，其中包含遗传信息和孕育新生命的营养。大多数花粉成熟时分散，成为单粒花粉，但也有两粒以上花粉黏合在一起的，称为复合花粉粒。花粉多为球形，大小因种类而不同，变化很大。小的直径只有几微米，大的直径也不过 200 微米左右。

自花传粉

小麦、棉花等植物的传粉方式是自花传粉，即成熟的花粉粒会传到同一朵花的雌蕊柱头上。这类植物的花是两性花，花较小，没有吸引传粉动物的花蜜或花香，雌蕊和雄蕊同时成熟。

与异花传粉植物相比，自花传粉的植物遗传差异性小，对环境的适应性较差。大多数被子植物选择异花传粉，避免"近亲结婚"对后代产生不利影响。

小麦

棉花

棉籽

玉米

风媒传粉

风媒植物依靠风来传播花粉。这类植物的花一般不太鲜艳，也没有香味，花丝细长，易因风吹而摇动，花粉多，花粉粒小而轻。风媒植物的柱头也比较大，有的还会扩展成羽毛状，利于接受花粉。风媒植物约占有花植物总数的 20%，杨树、桦树、玉米、水稻等都是风媒植物。导致人体花粉过敏的"主凶"就是风媒植物的花粉。

动物传粉

自然界中约 80% 的有花植物要靠动物来传播花粉。这类植物的花冠和花萼比较大，颜色鲜艳，有香味或特殊气味，有些植物还有能产生花蜜的蜜腺。其花粉粒通常大而粗糙，有的还结合成有黏性的花粉块。传粉动物主要是昆虫类，包括蜜蜂、蝴蝶、甲虫、蛾、苍蝇等。

蜂鸟、蜜雀、蝙蝠等体形较小的动物也是重要的传粉者它们多长有较长的喙或舌头，用来吸食花蜜，此时也就完成了传粉工作。

水媒传粉

以水流为传粉媒介的植物被称为水媒植物。水媒植物的花药通常会退化，没有外壁，直接粘在花丝的顶端，以便与雌花的柱头接触。苦草、金鱼藻、黑藻等水生植物都是水媒植物，水媒植物只占有花植物的一小部分。

臭臭的大王花

世界上最大的花是大王花，主要生长在热带、亚热带地区，其花径可达 1 米左右。大王花奇臭无比，散发的气味像腐烂的尸体，被公认是最臭的花。它的臭味可吸引苍蝇前来，为它传播花粉，繁衍后代。

大王花

牡丹

我是国色天香的牡丹，被称为"花中之王"，是"中国十大名花"之一。我雍容华贵、风姿绰约、艳压群芳，自古以来就受到人们的喜爱。早在3000多年前，我的名字就出现在了《诗经》中，南北朝时期，我们作为观赏植物开始栽培，隋唐时期，被广泛栽培。我们的花五彩缤纷，以黄、绿、肉红、深红、银红为上品，根据花的颜色，我们可以被分为500多种。

植物小名片

木兰纲—虎耳草目—芍药科

分布范围：欧亚大陆、北美温带

生长习性：喜温暖、凉爽、干燥、阳光充足，耐寒，耐旱，怕热，怕烈日直射

种类：多年生落叶灌木

用途：观赏，花可食用，根、皮可入药

牡丹和芍药有什么区别?

牡丹:我们的花和芍药花很像,但是开花要比芍药早半个多月,我们4月下旬就开始开了,而芍药要到5月中旬才开。

我们的花朵着生于花枝顶端,而芍药的花朵单生枝顶或生于叶腋。我们牡丹是灌木,高可达2米,茎干是木质,比较坚硬,而芍药是草本,最高不过1米,茎干是草质,比较柔软。

芍药

叶子也有区别,我们的叶子宽大圆厚,而芍药的叶子狭长偏薄。

牡丹最名贵的品种有哪些?

牡丹:我们有三大名贵品种,分别为魏紫、赵粉、姚黄。

魏紫:出自五代洛阳魏仁溥家。花紫红色,荷花形或皇冠形。花期长,花量大,花朵丰满,被誉为"花后"。

赵粉:出自清代赵家花园。因花粉红色而得名,旧时称"童子面"。花形多样,植株生长势强,花量大,为多花品种,清香宜人。

姚黄:出自宋代洛阳邙山脚下白司马坡姚家。花初开为鹅黄色,盛开时为金黄色。花开高于叶面,开花整齐,花形丰满,光彩照人,气味清香,有"花王"之称。

根据花瓣层次的多少,可将牡丹分为:单瓣类、重瓣类、千瓣类。

真奇妙!

二乔牡丹

你见过一朵花呈现出两种不同颜色吗?二乔牡丹就是这样,它是由人工嫁接、授粉培育成的名贵品种,最突出的特征就是同一植株开出两种不同颜色的花朵,通常是白色和粉红色,就像三国时期的美人大乔、小乔一样娇艳。二乔牡丹还可细分为粉二乔牡丹和紫二乔牡丹。

红景天

我是娇小可爱的红景天，可能大家对我不是很熟悉，没关系，咱们马上就熟了。我的体形像一把漂亮的小伞，主要生长在海拔1800 ~ 2700米的高寒无污染地带。我们的家族非常庞大，仅目前被发现的就有20多种，都同属景天科植物。经常被人们提及和使用的有高山红景天、圣地红景天、雪域红景天、云南红景天这四大种类。

植物小名片

木兰纲—虎耳草目—景天科

分布范围：北半球高寒地带

生长习性：适应性较强，喜稍冷凉而湿润的气候条件，耐寒、耐旱

种类：多年生草本

用途：观赏，根和茎是中药材，能够补气清肺、益智养心、活血止血，也有美容效果，可做护肤品

红景天为什么能在寒冷的高山上生长？

红景天：首先，我们的根很粗壮，能够扎在坚硬的岩石缝隙中。其次，我们的茎和冠部有厚厚的绒毛，可以防止热量蒸发。

另外，我们植株很矮小，仅有 10 ～ 20 厘米，而且密密丛生在一起，可以有效吸收地表热量。

红景天是非常珍贵的药材，曾被康熙皇帝赐名为"仙赐草"。传说康熙带兵到西北打仗，将士出现高山症，当地人献上红景天药酒，治好了将士们的病。

为什么红景天被称为"高原人参"？

红景天：现代科学家研究发现，我们红景天含有红景天甙、红景天酮、酪醇、红景天多糖、芦丁等 40 多种化学成分，含有人体必需的 18 种氨基酸、35 种微量元素和 7 种维生素，具有非常高的营养价值。

作为一种用途广泛的中药，我们具有抗缺氧、抗衰老、抗疲劳等功效，是世界上已知补药中非常稀少的药材，被医药界誉为"高原人参"。

要注意！

国家重点保护野生植物

由于近年来高山草甸过度放牧，红景天生存环境被严重破坏，加上红景天是珍贵药材，使用量很大，被大量采挖、大量囤积，造成红景天数量日益稀少。2021 年，红景天被列入《国家重点保护野生植物名录》，我们要尽量保护这种珍贵的植物。

兰花

　　我是"花中四君子"之一的兰花。因姿态端秀、幽郁清雅、香气袭人，被誉为"天下第一香""国香"。我叶子细长如剑，花朵很小，颜色有白、黄、红、青、紫等，其中以不具褐色的纯色者为贵异。我们兰花品种很多，仅中国就有20多种，著名的有春兰、惠兰、建兰、墨兰、寒兰等，这5种兰就是自古受中国人喜爱的中国兰。

植物小名片

木兰纲—天门冬目—兰科

分布范围：温带和亚热带

生长习性：喜阴，怕阳光直射；喜肥沃、富含大量腐殖质的土壤和空气易流通的环境

种类：多年生草本

用途：观赏，花可食用，多用于茶，也可做汤，兰花全身皆可入药

兰花为什么被称为"花中君子"?

兰花：自古以来我们就被视为高洁、典雅、爱国和坚贞不渝的象征。我们风姿素雅、花容端庄、幽香清远，很受文人雅士的喜爱。大诗人屈原就非常喜爱我们，在他的不朽之作《离骚》中多处出现咏兰的佳句。圣人孔子赞颂我们兰花："芝兰生于深林，不以无人而不芳，君子修道立德，不谓穷困而改节。"

我们与梅、竹、菊并称"四君子"，和梅的孤绝、菊的傲霜、竹的气节不同，我们象征了一个知识分子的气质，以及一个民族的内敛风华。在中国传统文化中，养兰、赏兰、绘兰、写兰，一直是人们陶冶情操、修身养性的重要途径。在古代文人中常把诗文之美喻为"兰章"，把友谊之真喻为"兰交"，把良友喻为"兰客"。

原来兰花这么美好，那我也要向兰花学习，做一个品格高尚的君子。

燕子兰是什么兰花?

兰花：燕子兰是我们兰花中的极品，名叫细叶寒兰，主要分布在中国贵州、湖南、广西等地，是中国的独有品种，它花姿潇洒飘逸，有"潇洒兰"的美誉。

细叶寒兰与普通兰花有本质的区别。它的花瓣尖非常尖锐，花朵完全盛开后像展翅高飞的燕子一样潇洒，非常美丽，辨识度也非常高，一眼就能认出来，因此当地人把它叫作"燕子兰"。

小窍门!

兰花浇水

兰花不喜欢太湿润的土壤，八分干、二分湿最好，花期与抽生叶芽期浇水要少些。最好是使用雨水或河水，如果使用自来水，需要放置72小时以上，等水中的氯气蒸发掉后再使用，防止出现土壤板结，导致兰花根系生长不好的情况。

鸢尾花

　　我是像彩虹一样美丽的鸢（yuān）尾花，又叫彩虹花。在中国，我象征着爱情和友谊；在西方，我是恋爱使者。由于我像蝴蝶一样美丽，所以又叫蓝蝴蝶、紫蝴蝶。我身高30～60厘米，根茎粗壮，我的花色主要是蓝色、紫色，也有黄色、红色、白色，花期在4—5月份。

植物小名片

木兰纲—天门冬目—鸢尾科

分布范围：北温带灌木林边、沼泽土壤或浅水中

生长习性：喜阳光充足、气候凉爽的环境，耐寒能力强

种类：多年生草本

用途：庭园花卉，也可作盆花、切花、花坛用花。花可作香水，也可药用

鸢尾兰和鸢尾花是一种花吗？

鸢尾花：不是，我们有很多区别。首先，我们颜色不同，鸢尾兰是白色的，而我们是蓝色和紫色；另外，花期也不同，我们的花期是4—5月份，而鸢尾兰的花期是8—12月份。

其次，生长地不同。我们比较耐寒，主要生长在北温带，而鸢尾兰主要生长在热带和亚热带。

最后，果实不同。鸢尾兰的蒴果呈椭圆形，长约2.5毫米，宽约2毫米；而我们的蒴果呈长椭圆形或倒卵形，长4.5～6厘米，直径2～2.5厘米，有六条明显的肋，成熟时自下而上三瓣裂。

鸢尾花有哪些传说？

鸢尾花：关于我们鸢尾花的传说非常多。在希腊语中，我们的名字叫 Iris，中文叫"爱丽丝"，爱丽丝在希腊神话中是彩虹女神，她是众神与凡间的使者，主要职责是将善良仁慈之人死后的魂魄，经由天地间的彩虹桥携回天国。

在法国，我们被尊为国花。相传5世纪末，法兰克墨洛温王朝的克洛维一世——法国历史上第一位国王，接受洗礼时，耶稣送给他的礼物就是鸢尾花。法文中，鸢尾花与"路易之花"发音相近。

要注意！

鸢尾花全身都有毒，特别是新长出的根毒性更大。在养殖鸢尾花时，一定要选择合适的位置。如果家里有孩子，要放在孩子够不到的地方，避免孩子误食。万一不小心误食，一定要及时到医院就诊。

芦荟

　　嗨，我是美容界的网红植物芦荟，许多爱美人士都爱我。有人说我能够让人青春不老、美颜永驻，这肯定是夸大其词，不过我确实有美容护肤功效。关于我的美容历史，可以追溯到2000多年前的古埃及，传说当时的埃及艳后克利奥帕特拉就是用我来美颜的。我是一种肉质多浆植物，主要生活在热带干旱地带，叶子肥厚带刺，花色是黄色带红色斑点，冬季开放。

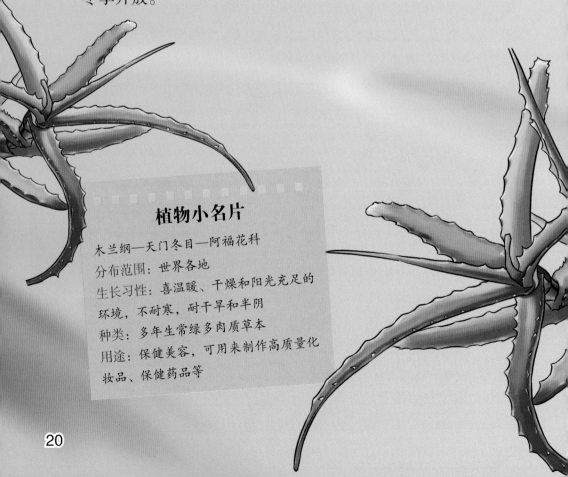

植物小名片

木兰纲—天门冬目—阿福花科

分布范围：世界各地

生长习性：喜温暖、干燥和阳光充足的
　　环境，不耐寒，耐干旱和半阴

种类：多年生常绿多肉质草本

用途：保健美容，可用来制作高质量化
　　妆品、保健药品等

为什么芦荟能够美容？

芦荟：我们富含多糖和多种维生素，对人体皮肤有良好的营养、滋润、增白作用；还含有消炎物质，可以有效改善蚊虫叮咬所引发的瘙痒症状，还能防止细菌滋生，具有促进细胞新陈代谢的作用，对青春痘有一定的疗效。

我们还有防晒效果，能够在人体皮肤上生成一层无形的膜，减少紫外线的侵害，防止因日晒而引起的灼伤、红肿等现象。

芦荟可以治疗皮肤炎症，对粉刺、雀斑、痤疮及烫伤、刀伤、虫咬等都有很好的疗效。

芦荟可以吃吗？

芦荟：我们大部分都是可以吃的，不过最好食用库拉索芦荟。库拉索芦荟主产于南美洲的库拉索，是非常优质的保健品，含有多达 75 种元素，与人体细胞所需物质几乎完全吻合，具有抗衰老、解毒消炎、健胃通便、强心活血等效果。

不过食用不能过量，每人每天不宜超过 30 克，而且必须去皮，否则芦荟内皮中含有的大黄素可能导致腹泻。特殊人群，如老人小孩、身体较弱者视情况减少用量。

要注意！

根据《中华人民共和国食品安全法》和《新资源食品管理办法》相关要求，芦荟产品中仅有库拉索芦荟凝胶可用于食品生产加工。库拉索芦荟凝胶来源于库拉索芦荟叶片的可食用部位凝胶肉，是以库拉索芦荟叶片为原料，经过多道严格程序制成的无色透明凝胶，可用于各类食品，每日食用量应不大于 30 克。

荷花

莲叶 —
莲蓬 —
叶柄 —
根 —
— 莲花
— 花芽
— 莲子
莲藕

　　我是大家非常熟悉的荷花，"中国十大名花"之一。我有很多称号："君子花""凌波仙子""水宫仙子""六月花神"等。我自古以来就受到人们的喜爱，三国诗人曹植称赞我"览百卉之英茂，无斯华之独灵"；宋代周敦颐称赞我"出淤泥而不染，濯清涟而不妖"；连李白的名号"青莲居士"也是借用我的名字。怎么样，我很厉害吧！

植物小名片

木兰纲—山龙眼目—莲科

分布范围：亚热带和温带

生长习性：喜相对稳定的平静浅水、湖沼、泽地、池塘

种类：多年生水生草本

用途：观赏，莲子是高级滋补营养品，莲藕可做菜肴，荷花全身皆可入药

为什么荷花能够"出淤泥而不染"?

荷花：我有自我清洁能力。我的身体表层布满蜡质和许多像乳头一样的突起，突起之间充满空气，可以防止污泥渗入。当我深埋在污泥中时，不管是种子还是莲藕，都有细密的通气孔，可以阻止污水进入。

当我的叶芽和花芽从污泥中抽出时，由于表层有蜡质保护，污泥和污水很难沾附上去，即使有少量的污泥污水沾在上面，也会被动荡的水波冲洗干净。

当我的叶子长成后，上面也会布满密集的突起和蜡质，可以将水珠和泥沙托起，避免弄湿或弄脏我们。

科学家利用荷花这种自我清洁能力，发明了防水防尘的材料，广泛应用在建筑涂料、服装面料、厨具面板等产品制造中。

莲子真的千年不腐吗?

荷花：在某些情况下我们的莲子是可以千年不腐的。我们莲子的外皮有5层结构，最外一层是外皮层，由保卫细胞组成，可以阻挡水进入，让莲子即便在水中泡上很多年也不会腐烂。第二层是栅栏组织，由密集的纤维素构成，可以阻挡外界微生物的侵入。

其他三层组织厚而坚韧，富有弹性，可以为莲子提供物理保护，避免其受到伤害。

超厉害!

1952年，中国科学家在辽宁省大连市一处 1 ~ 2 米深的泥炭土洼地里挖掘出了古莲子。经研究测定，这些古莲子的寿命在1000岁左右。经过培育，这些莲子竟然可以发芽生长，甚至开出美丽的荷花。

梅花

　　我是美丽吉祥的梅花，位居"中国十大名花"之首，也是"花中四君子"之首，还是"岁寒三友"之一。自古以来我就受到人们的喜爱，在中国文化里，我象征着快乐、幸福、长寿、顺利、和平，被誉为"五福花"，还象征着不怕困难、坚强不屈的中华民族精神。我们梅花通常开放在冬末春初，是春天开放最早的花。

植物小名片

木兰纲—蔷薇目—蔷薇科

分布范围：中国、日本、朝鲜

生长习性：阳性树种，喜温暖、阳光充足、通风良好、湿润的气候，有一定耐寒性，较耐干旱和瘠薄，不耐涝

种类：落叶小乔木或灌木

用途：品种分花梅和果梅，花梅供欣赏，果梅可加工成各种各样的蜜饯和果酱

为什么在北方冬天很少看到梅花开花？

梅花：我们在冬天不开花，一般冬末春初才开花，而且我们并不是特别耐寒。在北方一些特别寒冷的地方，我们根本无法生存。

我们傲霜斗雪的现象基本发生在相对温暖的江南。因为江南冬末春初，随着气温上升，气候温暖湿润，比较容易下雪，而我们梅花对气温特别敏感，只要温度一上升，就会萌芽开花。而在北方，如果看到冬天开花的植物，那可能就是蜡梅。我们和蜡梅不是一科植物。蜡梅是蜡梅科植物，而我们是蔷薇科植物。

梅花的花、果、根皆可入药，有清血强肝、消除疲劳、抗衰老、促进消化等功效。

话梅是梅花的果实吗？

梅花：话梅是果梅的果实。我们梅花分花梅和果梅两大品类。果梅花为白色，花瓣通常是5瓣，且天然授粉和着果率高。花梅花色艳丽，颜色种类丰富，花朵形态各异，多数是经过人工选育出的，结的果实叫作梅子或青梅，通常在梅雨季节成熟，果皮颜色从绿色变成黄色再变成红色。

小知识！

赏梅

欣赏梅花，自古以来的标准是形、态、色、味。宋代诗人范成大在《梅谱》中说："梅以韵胜，以格高，故以横斜疏瘦与老枝怪奇者为贵。"所以，梅花贵稀不贵密，贵老不贵嫩，贵瘦不贵肥，贵含不贵开，谓之"梅韵四贵"。

飞花令

雪梅

[宋]卢梅坡

梅雪争春未肯降，
骚人阁笔费评章。
梅须逊雪三分白，
雪却输梅一段香。

月季

　　我是色彩艳丽、高贵优雅的月季，"中国十大名花"之一，人称"花中皇后"。我的名字非常多，最有名的是月月红、长春花、四季蔷薇等。我们月季花有高达 20000 多个品种，是世界上品种最多的花卉之一。我们的花以红色为主，其他有黄、白、紫多种颜色，花朵硕大，有的直径可达 20 厘米。我们从 4 月份开始开花，花期一直持续到 11 月份，所以有"月月红"的称号。

植物小名片

木兰纲—蔷薇目—蔷薇科

分布范围：全球各地

生长习性：适应性强，耐寒、耐旱，喜温暖湿润、日照充足、空气流通的环境

种类：常绿、半常绿低矮灌木

用途：观赏、园林绿化

玫瑰

月季和玫瑰有什么区别?

月季:首先,我们月季花色以红色为主,之外还有黄、紫、白、粉等四种颜色,而玫瑰的颜色没有我们多。

其次,玫瑰的花瓣向内包裹,而我们的花瓣向外扩,花托少,花头比玫瑰稍大,而且我们的香味没有玫瑰浓郁。另外,玫瑰是每年5月份开花,8月份凋谢,而我们是4月份开花,一直到11月份花才会凋谢。

还有一点,我们的刺没有玫瑰多,而且刺比较大,每节大致有三四个。而没有经过修剪的玫瑰花刺非常多且分布很密集很坚硬。

月季很好种植吗?

月季:我们适应能力强,耐寒耐旱,对土壤要求不高,不管移植到哪里,都能生长;而且我们的花朵娇艳美丽,多姿多彩,开花时间长,具有很高的观赏价值,自古以来一直被人们广泛种植。

无论是园林绿化,还是家庭装饰,我们都是理想的花种。我们既能净化空气,美化环境,还能降低周围的噪声污染,缓解夏季城市的温室效应。

月季花是幸福、美好、和平、友谊的象征,早在汉朝就被大量种植在宫廷里。

环保小卫士

月季花是吸收有害气体的小能手,既能吸收硫化氢、氟化氢、苯、苯酚等有害气体,又能抵抗二氧化硫、二氧化氮等有害气体。把月季花养殖在家中,可以净化空气,陶冶情操,美化生活环境。

虞美人

　　我是轻盈蹁跹的虞美人，提到我的名字，你是不是想起了西楚霸王项羽的爱姬虞姬呢？不错，我的名字就是来自这位美丽的女子。我还有许多别的名字：丽春花、赛牡丹、满园春、仙女蒿、虞美人草、舞草等。许多人将我和可怕的罂粟混淆，其实我并不是罂粟，我的花比罂粟花小，而且身上有粗糙的刚毛。我的花色主要是深红，也有黄、白、粉等颜色，花果期在3—8月份。因为花期很长，所以被人们广泛种植在公园的花坛里。

植物小名片

木兰纲—毛茛目—罂粟科

分布范围：全球各地

生长习性：耐寒，怕暑热，喜阳光充足的环境和排水良好、肥沃的沙壤土

种类：一年生草本

用途：观赏，可做花坛、盆栽、切花

怎么区分虞美人和罂粟？

虞美人：其实很容易区分，因为我们和罂粟有很多不同。首先，我们的花是四瓣，花冠较小，花瓣单薄，边缘不开裂，而罂粟与我们相反。

其次，我们比罂粟矮，而且茎秆上有粗糙的刚毛，分枝多，而罂粟的茎秆光滑无毛，比较粗壮。整体看，我们比较纤细，像个瘦美人，而罂粟很壮实。

最后，我们的叶子披针狭长，具有很多分裂，叶片较薄。罂粟花的叶子不太规则，叶边是锯齿状，分裂较少，叶片很厚。

虞美人全身均可入药，含多种生物碱，有镇咳、止泻、镇痛、镇静等功效。

为什么西方人喜欢佩戴虞美人来悼念逝去的生命？

虞美人：每年的 11 月 11 日，英国、加拿大、新西兰等西方国家，不论平民还是政要，人人都会在胸前别上一朵虞美人，来凭吊在第一次世界大战中战死的将士。

1915 年第一次世界大战期间，在比利时的法兰德斯地区，一名加拿大军医目睹了自己最好的朋友战死沙场。这名军医为好友举行了隆重的葬礼。葬礼后不久，友人的新坟周围竟然开出了当地特有的、鲜红如血的虞美人。后来，为悼念死去的战士，佩戴虞美人就成了一种纪念仪式。

警告 ⚠️

根据我国刑法规定：非法种植罂粟、大麻等毒品原植物的，一律强制铲除。有下列情形之一的，处五年以下有期徒刑、拘役或者管制，并处罚金：（一）种植罂粟五百株以上不满三千株或者其他毒品原植物数量较大的；（二）经公安机关处理后又种植的；（三）抗拒铲除的。

百合

　　我是雅姿娟秀、亭亭玉立的百合，我的名字非常吉祥，含有百年好合的美好祝愿。我清雅脱俗、芳香宜人，是纯洁、光明、自由、幸福的象征。我长着纤细的茎秆和剑形的叶子，开的花像美丽的喇叭，既有黄色、白色、粉红，也有紫色和带黑色斑点的。我的花期和果期通常在6—9月份，花、种子及鳞茎均可食用。

植物小名片

木兰纲—百合目—百合科

分布范围：山坡草丛、疏林、山沟、田野

生长习性：适应性较强，喜凉爽、湿润的半阴环境，较耐寒冷，属长日照植物

种类：多年生草本

用途：观赏，鳞茎色白肉嫩，味道甘甜，含丰富淀粉，是一种名贵的食品

平时吃的百合是百合花吗?

百合:不是。人类常吃的百合,是可食用百合品种的鳞茎。我们百合是一个大科,包含百合属、郁金香属、贝母属等近20个属,有700多种。人类常吃的百合是兰州百合、龙牙百合等品种。而那些供观赏的百合,其实是不能食用的。

在花店看到的百合都是观赏性百合,而超市卖的通常是可食用的百合。食用百合的果实像大蒜一样,但是没有大蒜那么大,味道也和大蒜不一样。刚上市的鲜百合吃起来味道有点儿苦,需要加工一下才好吃,而干百合味道不苦。

食用百合具有清心、安神的功效,能够缓解咳嗽出血、失眠多梦、精神恍惚等症状。

人们结婚时为什么常送百合花?

百合:我们百合象征着纯真、忠诚、高雅、圣洁、天真无邪、坚贞,是吉祥的花卉之一。

在中国,我们百合的名字具有"百年好合""百事合意""家庭美好""伟大之爱"的含义,有深深祝福的美好意义。所以通常被用于喜庆佳节,朋友亲人互赠的礼物,尤其是婚礼上,常和玫瑰或洋桔梗搭配,做喜庆花饰。

要注意!

百合花属于药食同源性食材,对于大多数人而言,可以食用,但风寒咳嗽、体质虚寒者不建议吃百合,以免加重自身不适症状,不利于后期健康恢复。此外,日常生活中所用的装饰性质的百合花,不建议食用,以免引发身体上的不适。

郁金香

　　我是被称为"魔幻之花"的郁金香，是百合科郁金香属植物，高 15 ～ 60 厘米，有长长的宝剑形叶子和五颜六色的花朵。我长得亭亭玉立、高贵风雅，是花卉王国的公主，在荷兰被尊为国花。对了，我们郁金香还有黑色的花呢，著名的"夜皇后""绝代佳丽""黑人皇后"就是我们杰出的代表。

植物小名片

木兰纲—百合目—百合科

分布范围：亚洲、欧洲及非洲北部

生长习性：长日照花卉，喜向阳、避风，冬季温暖湿润、夏季凉爽干燥的气候，不耐旱和水湿

种类：多年生草本

用途：世界观赏花卉，常用于点缀花池和各类几何形状的景观

为什么荷兰人非常喜欢郁金香？

郁金香：在欧洲，我们郁金香是胜利、美好、爱情的象征。早期我们还是尊贵、权力、神秘、永恒的象征。关于我们在荷兰的历史，要追溯到16世纪晚期。当时奥地利有一位名叫卢克修斯的园艺家发现我们郁金香新奇、独特、美丽，于是开始在维也纳种植。后来他迁居到荷兰，把我们也带到了荷兰。

荷兰是当时的世界贸易中心和金融中心，是一个高度商业化的国家。全世界各种稀奇古怪的东西都被引入荷兰，并被投机家进行炒作。我们郁金香不幸也成了炒作对象。最初，只是荷兰的权贵和富豪喜爱我们，后来连百姓也开始喜爱我们，于是我们变得奇货可居。

一场疯狂的炒作风暴迅速形成了，上至权贵下至百姓，几乎全荷兰人都参与了这场疯狂的投机。我们的价格疯狂上涨，从最初的几块钱，上涨到后来的几万甚至几十万元。无数人倾家荡产也要购买我们的球茎。这场疯狂的投机持续了30年，最后引发了一场经济危机。

当时有一种名叫"永恒的皇帝"的杂色郁金香，它不是单纯的黄、白、红等色，而是由白和紫组成的条纹状颜色，"永恒的皇帝"被疯狂炒作，一朵的价值就相当于一栋豪宅！

要注意！

郁金香有毒，其毒性主要存在于花朵中，而且处于开花期的郁金香，其香味也有毒，因此不宜放在室内和通风差的环境下养殖，以免中毒。最好将郁金香放置在通风良好的室外，并在周围设置栅栏，防止儿童、宠物接近。

杜鹃花

　　我是美丽娇艳的杜鹃花，俗名映山红，人称"花中西施"，是中国广泛栽培的观赏花卉之一，也是"中国三大自然野生花卉"之一。我的叶子是小椭圆形，花冠像漏斗、钟、蝴蝶、碗、细管等，花的颜色有深红、淡红、玫瑰、紫、白等多种，我通常4—5月份开花，6—8月份结果。

植物小名片

木兰纲—杜鹃花目—杜鹃花科

分布范围：广泛分布在欧洲、亚洲、北美洲

生长习性：喜凉爽、湿润、通风的半阴环境和酸性土壤，怕热、怕寒

种类：落叶灌木或乔木

用途：观赏，树种可监测有毒气体

杜鹃花和杜鹃鸟有关系吗？

杜鹃花：我们和杜鹃鸟其实没什么关系。我们最早的名字叫羊踯躅（zhí zhú），汉代的《神农本草经》里就记载了我们的名字，还把我们列为有毒植物。东晋前后，人们把我们叫山石榴，因为我们的花和石榴花的颜色很相似。

唐朝时，我们被叫作杜鹃，原因是我们开花的时候，杜鹃鸟（布谷鸟）也开始叫了。于是人们把鸟的啼鸣期和花的开放期联系在一起，写出了"杜鹃花与鸟，怨艳两何赊。疑是口中血，滴成枝上花"的诗句。唐朝文学家李德裕在其所著《平泉山居草木记》中把我们的名字登记为"杜鹃"。后来杜鹃这个名字就渐渐地流传开来。

杜鹃花味酸甘，有活血调经之效，可治跌打损伤、风湿关节痛等疾病。

杜鹃花有哪些品系？

杜鹃花：我们共有五大品系：春鹃、夏鹃、西鹃、东鹃和高山杜鹃。春鹃，顾名思义，就是春天开的杜鹃花。这种花通常先开花后发芽，开花期在4月中下旬到5月初。夏鹃是春天先长枝发叶，5—6月初开花。

东鹃是从日本引入的，为与西洋杜鹃相应，故称东鹃。东鹃花期在春天，有的地方将其纳入春鹃。西鹃因其花朵艳丽，深受人们喜爱，尤其是比利时杜鹃，因为是由欧美杂交的园艺栽培品种，故称西洋鹃，又称西鹃。而高山杜鹃一般生长在海拔600～800米的山野，花期在5—7月，果期在9—10月。

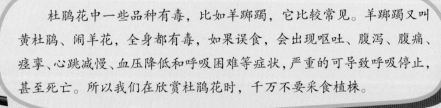

杜鹃花中一些品种有毒，比如羊踯躅，它比较常见。羊踯躅又叫黄杜鹃、闹羊花，全身都有毒，如果误食，会出现呕吐、腹泻、腹痛、痉挛、心跳减慢、血压降低和呼吸困难等症状，严重的可导致呼吸停止，甚至死亡。所以我们在欣赏杜鹃花时，千万不要采食植株。

菊花

　　我是清逸高雅的菊花，"中国十大名花"之一。我自古以来就受到人们的喜爱，与梅、兰、竹并称"花中四君子"，与月季、剑兰、康乃馨并称"世界四大切花"。我从不与群芳争艳，常常在百花凋零之后才开，这种恬然自处、与世无争、傲然不屈的精神受到古代隐士和诗人的赞赏。我们菊花品种繁多，全世界大约有3万多种，中国大约有3000多种，著名的有墨菊、紫菊、夏菊、瑶台玉凤等。

植物小名片

木兰纲—菊目—菊科

分布范围：原产于中国，后传到朝鲜、日本、欧洲、美洲

生长习性：短日照植物，喜阳光，忌荫蔽，耐旱、耐寒，怕涝，喜温暖湿润气候

种类：多年生草本

用途：观赏，做切花，部分品种可做茶饮用

菊花的花朵有什么特点？

菊花：我的一朵花是由无数朵小花组成的。看起来是一朵花，其实是一个花序，这种花序叫头状花序。我的花朵外围是更像花瓣的舌状花，而里面是花瓣退化、承担繁殖功能的管状花，它们共同组成了我的整个花朵。

除了这一特点，我们的花颜色也复杂多样，既有单色也有复色，单色有黄、白、紫、红、粉、绿、墨、泥金、雪青等，复色有红黄各半的"二乔"、红黄二色的"鸳鸯荷"等。

菊花是天然异花授粉植物，它的后代的每一个单株都带有不同的遗传基因，这也是菊花产生千差万别形态的主要原因。

雏菊、波斯菊、大丽菊是菊花吗？

菊花：它们是菊科植物，但不是菊花。我们和雏菊、波斯菊、大丽菊同属于一个大家族，但属于不同的小家族。

雏菊是雏菊属，原产于欧洲；波斯菊、大丽菊分别是秋英属、大丽花属，二者原产于墨西哥。另外还有万寿菊、瓜叶菊，也不是菊花。万寿菊属于万寿菊属，它也产于墨西哥；瓜叶菊是瓜叶菊属，原产于大西洋加那利群岛。

真奇妙！

菊花是典型的短日照植物，当天日照时长必须少于10小时才能开花。短日照植物除了菊花，还有苍耳、牵牛，农作物里面有水稻、大豆、玉米、烟草、麻和棉等。这类植物通常在早春或深秋开花。

飞花令

菊花
[唐]元稹

秋丛绕舍似陶家，
遍绕篱边日渐斜。
不是花中偏爱菊，
此花开尽更无花。

向日葵

　　我是美丽可爱的向日葵，又叫葵花、朝阳花，是向往光明、充满活力的希望之花。别看我长得强壮高大，其实我属于草本植物，和菊花是很近的亲戚。我浑身都是宝，种子是葵花籽，可以食用、榨油；花可以做药材，种子壳和茎秆可以做饲料和工业原料，还可以做人造丝和纸！怎么样，我是不是很有用呀？

植物小名片

木兰纲—菊目—菊科

分布范围：世界各大洲

生长习性：喜温、耐寒、耐旱，各种土壤均能生长

种类：一年生高大草本

用途：种子可以食用、榨油，花可做药材，茎秆可做饲料、工业原料等

向日葵为什么总是朝着太阳?

向日葵:我需要阳光,一直朝着太阳可以让我的叶子被充分照射,使我能产生足够的养料。另外,我的后脑勺(花托)里面的生长素很怕光,一遇到阳光,生长素就会往后脑勺跑,导致后脑勺的生长素比前面多。当太阳照射我时,我的后脑勺就会长得快,于是我就向着太阳低头了。

此外,一直向阳可以让蜜蜂、蝴蝶在我温暖的花盘上停留得更久,从而帮我更多地传粉,繁衍后代。

向日葵的花非常小,密密麻麻地生长在一起,围在它们外面的是它们的花萼,看起来像细长的花瓣,但不是花瓣。

晚上没有太阳向日葵该怎么办?

向日葵:晚上没有太阳,我们会转回起始位置,耐心地等待太阳再次升起。

我们这种特性是由于体内有两种特殊的元素,一个是生长素,这个上面已经讲了,还有一个是黄质醛(也叫叶黄氧化素)。生长素能促进细胞发育,黄质醛能抑制植物生长。

其实我们晚上比白天更忙,白天我们自东向西追赶太阳,太阳落山后,我们还要持续一段时间才能调整转动方向。这样留给我们自西向东转回去的时间就比较短,所以我们必须加快速度转回去。因此晚上我们转回去的速度要比白天快很多,差不多是白天的2倍。所以说我们也是很辛苦的。

你知道吗?

向日葵和菊花一样,花朵属于头状花序,一朵向日葵就是一束向日葵。向日葵的大花盘是由几百朵小花组成的,它们非常有规律地排列在一起。

蒲公英

　　我是超可爱的蒲公英，很多小朋友都喜欢我，因为我具有非常神奇的本领——通过伞降来传播种子。我开的花是白色的小茸球，被风一吹，就会冉冉飞上天空，然后把种子传播到世界各地。我们蒲公英家族有 120 多个品种，仅中国就有 100 多种。我们的花通常是黄色的，茎和叶子很像莴苣，茎是空心的，折断后会有乳白色的汁液流出。

植物小名片

木兰纲—菊目—菊科

分布范围：山坡草地、田野、河滩等

生长习性：适应性强，生长速度快，耐热、抗旱、抗涝

种类：多年生草本

用途：观赏，可做食物、入药

蒲公英可以吃吗?

蒲公英:可以吃。我们蒲公英是一道春夏不可多得的美食,也是当今多国新兴的野菜热的一种。吃法有凉拌、炒菜、炖粥、包饺子、制作蒲公英茶等,是药食兼用的植物。

我们体内含有蒲公英醇、蒲公英素、胆碱、有机酸、菊糖等多种健康营养成分,有利尿、缓泻、退黄疸、利胆等功效,同时含有蛋白质、脂肪、碳水化合物、微量元素及维生素等,有着丰富的营养价值。

另外,我们蒲公英的花含有丰富的维生素和矿物质,可以用来做花茶,适量饮用对身体有好处。

蒲公英全身均可入药,有清热解毒、消肿散结的功效。

蒲公英能治病吗?

蒲公英:我们蒲公英味苦甘,性寒,无毒,入脾、胃二经,可化热毒、消恶疮、解食毒、散滞气,也可用于治疗热毒痈肿疮疡及内痈等病症。

治疗痈肿疔毒,常配金银花、紫花地丁、野菊花等,如五味消毒饮。治疗乳痈可单用,鲜品内服或捣敷;亦可以配忍冬藤,捣汁服,用于治疗火毒较盛等病症。

没想到吧?

蒲公英的叶子是一种草药,不仅可以吃,还可用来洗澡。夏天,人身上容易出现水肿,晚上洗澡时可以放一些蒲公英叶子,这样有助于消肿。

火绒草

植物小名片

木兰纲—菊目—菊科

分布范围：干旱草原、黄土坡地、石砾地、山区草地

生长习性：喜阳，耐寒、耐旱、耐瘠薄，稍耐湿

种类：多年生草本

用途：观赏，地上部分入药，能清热凉血、利尿

我是洁白美丽的火绒草，主要生活在高山上。我长得不高，最高也只有 45 厘米，我开的花也很小，像白色的小绒球或白色的小菊花一样。你们一定听过那首美丽动听的《雪绒花》，其实世界上根本没有雪绒花，真正的雪绒花就是我们火绒草。我们之所以叫火绒草，是因为我们的花和叶子有很多茸毛，干燥以后可以作为火绒来生火。

火绒草不仅是美丽的观赏植物，还是一味中药，味微苦，性寒，可治感冒、肾炎、尿道炎等病症。

火绒草有什么特征？

火绒草：我们是菊科火绒草属，是多年生草本植物。我们有平卧和直立的分枝，莲座状叶丛和花茎密集的植丛，在中国大概有40种，主要生活在高山地区。

我们的叶子两面都有灰白色的长柔毛，花也是。我们的叶片很厚，适合储藏水分，表面是一层蜡质保护层，加上绒毛，既可以防止水分蒸发克服干旱，还可以在寒冷中保持热量。

提醒大家，我们中间的圆形花序才是花哦，每一朵由许多小花组成。旁边白色毛茸茸的"花瓣"是叶子。

火绒草是奥地利的国花吗？

火绒草：我不仅是奥地利的国花，也是瑞士的国花。其实我们火绒草原产于欧洲高山地区。在奥地利，我们火绒草象征着勇敢，因为我们主要生长在环境艰苦的高山上，常人很难见到我们，所以凡是见过我们的人都被视为英雄。

在奥地利有个传说，很久很久以前，有一株美丽的火绒草生长在阿尔卑斯山的高峰之上，它是爱情的使者，谁摘下它送给心上人，就会幸福一生，白头到老。很多奥地利人不惜冒着生命危险去采摘，因为这代表为爱牺牲一切的决心。

花草小知识！

栽种火绒草

如果想栽种火绒草，最好在春季进行。分株繁殖是最简单的，而且成活率高，植株生长速度快。一般用疏松肥沃的腐叶土作为营养土，在它的生长期，保持土壤干燥，不能太过湿润，一个月施一次肥，尤其是冬季，土壤更要保持干燥。

雪莲

　　我是被称为"西域奇花"的雪莲，又被称为"圣人草""高山玫瑰"。我主要生长在天山山脉海拔 4000 米高的悬崖峭壁上。由于环境残酷，我生长非常缓慢，需要 4 ~ 5 年才能开花，而且花期只有 7 个月，因此我是非常珍贵的药草，被誉为"百草之王""药中极品"。

植物小名片

木兰纲—菊目—菊科

分布范围：中国西部、哈萨克斯坦等雪域高原

生长习性：喜潮湿、凉爽和光照强烈的环境

种类：多年生草本

用途：观赏，全草可入药

为什么雪莲能生长在寒冷的雪域高原？

雪莲：首先，我们的根系非常发达、粗壮、结实，不易折断，能够扎入石缝中顽强地吸取水分和养料，而且我们身材矮小，茎短粗而坚韧，叶子贴着地面生长，上面布满一层厚厚的白色绒毛，就像穿着一件白色的毛绒衣，既防寒、防风，防止水分蒸发，还能防紫外线照射。

其次，我们的细胞里面含有大量的可溶性糖、蛋白质和脂类等物质，可使体内水分结冰点降低，从而帮助御寒。

最后，我们的花冠外面长着很多层膜质苞叶，可以保护里面的花朵不被冻伤，还能抵御高原恶劣的狂风。我们的种子可以在 0℃ 发芽，幼苗能经受 −21℃ 的严寒。

雪莲能在 5℃ ~ 39℃ 正常发芽生长。盛花期，能迎着寒风傲雪，生命力极强。

雪莲果是雪莲结的果实吗？

雪莲：不是。雪莲果跟我们雪莲花没什么关系。我们是菊科风毛菊属植物，而雪莲果是菊科离苞果属植物，原产于南美，引入中国没有多少年。

雪莲果其实不是果实，而是块茎，形似红薯，多汁不含淀粉，既可生食，也可炒食、煮食，口感脆嫩，味微甜、爽口。雪莲果的薯块和叶可以加工制作成饮料。用于繁殖的芽块位于根茎处，形似姜块。它的花头状花序，花序边缘生有黄色舌状花瓣。

雪莲果原名菊薯，人类为了更好地营销推广，就取了这个好听的名字，它其实是冒名顶替的。

你知道吗？

雪莲花早在唐朝就很有名气了。唐朝边塞诗人岑参曾写过一首《优钵罗花歌》。优钵罗花就是雪莲花。诗中这样描写雪莲："白山南，赤山北。其间有花人不识，绿茎碧叶好颜色。叶六瓣，花九房。夜掩朝开多异香，何不生彼中国兮生西方……耻与众草之为伍，何亭亭而独芳。"

含羞草

　　我是秀丽可爱的含羞草，也叫感应草、知羞草、怕丑草。我有一个很神奇的特征，只要一被触摸，马上就会闭合叶子，好像腼腆、害羞的小姑娘。其实我不是害羞，而是在保护自己。我原本生活在热带地区，那里的天气经常是狂风暴雨，每当狂风暴雨来临时，我就会迅速关闭叶子，避免遭受摧残。

植物小名片

木兰纲—豆目—豆科

分布范围：热带地区

生长习性：喜温暖湿润、阳光充足的环境，适应性较强

种类：亚灌木状草本

用途：家庭观赏，全草可入药，有安神镇静的功效

含羞草的叶子为什么能闭合？

含羞草：这是因为我们的小叶柄和小叶基部含有一种特殊的蛋白质——肌动蛋白。当受到外界刺激时，肌动蛋白会产生拉力，使小叶柄和小叶基部迅速收缩，从而导致小叶闭合。这种"害羞"行为既是一种自我保护机制，也是对环境变化的适应性反应。

含羞草的叶子闭合非常迅速，只有短短几秒，一旦停止触摸，它的叶子就会恢复原状。

含羞草能预测天气吗？

含羞草：我们可以预测天气和地震。当你们触摸我们的时候，如果我们闭合得快，打开得慢，说明明天是个好天气。如果我们闭合得慢，打开得快，或者刚一闭合又打开，说明明天是个坏天气，可能是阴天或下雨。如果发生地震，在地震来临前，我们会突然枯萎。

没想到吧！

植物也有肌肉！

植物通常没有神经系统，也没有肌肉，但是含羞草居然神奇地拥有肌动蛋白，这种肌动蛋白一般见于动物的肌肉纤维中，与运动相关。当我们触摸含羞草时，含羞草叶子中所含的这种肌动蛋白排列方式就会发生变化，从而使含羞草闭合或张开。

马蹄莲

　　我是美丽的马蹄莲，我的名字来源于开的花像马蹄。我是埃塞俄比亚的国花，象征着纯洁、美好、光明和未来。在美丽的中国，我们被叫作慈姑花、海芋百合。我们开花很早，2—3月份就开花了，花色是美丽的白色和鹅黄色，也有艳丽的红色。

植物小名片

木兰纲—泽泻目—天南星科

分布范围：世界各地

生长习性：喜温暖湿润及稍有遮阴的环境，不耐严寒和干旱

种类：多年生粗壮草本

用途：世界上著名的切花花卉，用于制作花篮、花束、插花

怎么养马蹄莲的插花?

马蹄莲:我们的插花养护分五个步骤。第一步,醒花。养之前先将我们放置深水中醒3～4小时。

第二步,修剪茎部。我们的花茎是肉质状,易腐烂变软,所以茎底部一定要平剪。

第三步,水量。水养期间,根据花朵状态的不同,所需水量也不同。当花头紧闭或开放度小时,瓶中放2/3的水即可;当花朵微开放时,水量可逐渐减少,留1/2的水即可;当花朵开大时,水量再次减少,留1/3的水即可。

第四步,环境。我们适合在20℃左右的环境中散光养护。千万不要把我们放在阳光下直射,也不能被油烟污染,否则,我们的花朵会变干、变皱,长势变差。

第五步,勤换水。建议1～2天换一次水,并再次清洗茎部,平剪茎底部,促进新的吸水点。

马蹄莲可作药用,具有清热解毒的功效,外敷可治疗烫伤。

什么是佛焰苞?

马蹄莲:佛焰苞是天南星科植物花序外面形状特异的大型总苞片,它看起来就像供在佛前的蜡烛台,所以称为佛焰苞。我们和半夏都属于天南星科植物,所以都会有佛焰苞,我们的佛焰苞呈心形或马蹄形,非常好看。佛焰苞不仅可以保护花和果实,还有吸引昆虫传播花粉的作用。

要注意!

马蹄莲结的果实不叫荸荠,而叫马蹄莲果,马蹄莲的花、果实、块茎都有毒,全都不能吃。荸荠是莎草科荸荠属植物,又叫马蹄,是一种水生植物,其地下膨大球茎可食用。荸荠外皮紫红,肉质呈白色透明状,口感脆爽香甜。

夜来香

　　我是喜欢夜里开花的夜来香。你们一定听过那首美丽的《夜来香》吧？"那南风吹来清凉，那夜莺啼声细唱，月下的花儿都入梦，只有那夜来香，吐露着芬芳……"夜晚，百花入睡，万籁俱寂，只有我们夜来香默默绽放，散发着浓郁的幽香。我们的花并不大，像一个个小喇叭，通常在夏季和秋季开花，花色为黄绿色。

植物小名片

木兰纲—龙胆目—夹竹桃科
分布范围：亚热带和暖温带
生长习性：喜温暖湿润、阳光充足、
通风良好、干燥的气候，
耐旱、耐瘠，不耐寒
种类：柔弱藤状灌木
用途：夜晚观赏，花、叶可药用，
有清肝、明目、去翳等功效

为什么夜来香在晚上开放？

夜来香：我们原产于亚洲热带地区，那里白天气温高，飞虫很少出来活动，只有到了傍晚和夜间，气温降低，许多飞虫才出来觅食。这时我们便散发出浓烈的香味，引诱飞虫前来传播花粉。

还有一个原因，我们的花瓣气孔与其他花不同，别的花瓣气孔会随着空气湿度的增大而缩小，而我们的花瓣气孔却会随着空气湿度的增大而张大。夜间由于蒸发少，冷空气下降，地面气温骤然降低，湿度增大，我们的气孔更容易张大，里面的挥发性含香物质更容易挥发，所以散发出的香气会变得浓郁。

白天，阳光强烈、空气干燥，我们就无法散发香气。如果是阴雨天，空气湿度增大，我们白天也会散发出浓郁的香气。

虽然夜来香夜晚开放没多少人欣赏，但是可以驱除蚊虫。

夜来香为什么不宜放在室内？

夜来香：因为夜里我们散发出的香气很浓郁，所以会对人体的健康不利。

我们是耗氧性花草，即使在白天进行光合作用，也会大量消耗氧气，影响人体健康。

在夜间停止光合作用时，我们会排出大量废气，还会散发大量强烈刺激嗅觉的微粒，这会使高血压和心脏病患者容易感到头晕目眩，郁闷不适，甚至会使病情加重。

你知道吗？

除了夜来香，还有很多植物能够驱除蚊虫，著名的有驱蚊草、天竺葵、迷迭香、碰碰香、薄荷、食虫草、薰衣草、七里香、柠檬树和香茅等。

龙胆草

　　我是美丽可爱的龙胆草，又叫龙胆花，是地球上最古老的植物之一，被植物学家誉为"植物活化石"。我个子很小，只有5～10厘米高，叶子大多是卵形或卵状披针形，少数为长条形，顶端尖尖的。我在夏、秋季开紫蓝色的钟状花朵，在中国东北、西南、西北高山地区分布最多，是一种高山花卉。我和杜鹃花、报春花并称为"中国三大天然名花"。

植物小名片

木兰纲—龙胆目—龙胆科

分布范围：中国东北、西南、西北高寒地带

生长习性：喜光、喜凉爽、耐寒，对土壤要求不高，忌涝洼积水

种类：多年生草本

用途：观赏，根和茎干燥后可入药，有清热燥湿、泻肝胆火等功效

龙胆草是中药吗?

龙胆草:我们是一种性苦、性寒的中药,具有清热燥湿、泻肝胆火的功效。临床可用来治疗下焦湿热诸症,还可用来治疗肝胆实火症等多种疾病。具体功能和作用可分以下三个方面:

1.增强消化。我们具有清热泻火、促进胃液与胃酸分泌,增加食欲,增强胃消化的功效。若平时出现消化不良或胃炎胃痛,可以适当服用龙胆草。

2.保肝利胆。我们可以直接进入人体的肝经,减少有害物质对肝脏的伤害,有效预防肝细胞坏死和病变。

3.抗菌消炎。我们能有效提高人体内抗炎细胞的活性,消灭人体内的细菌,减少疾病。

龙胆草的根是须根系,有数十条,细长,黄白色,是中药材。

龙胆草非常苦吗?

龙胆草:我们是中药中三大苦药之一。另外两大苦药是穿心莲和苦参。

古代医书《神农本草经》记载我们龙胆草:"根状似牛膝,味甚苦,故以胆命名。"《本草纲目》中记载:"叶如龙葵,味苦如胆,因以为名。"《本草正义》中记载"大苦大寒",还说,不是我们这样的苦药,不能治霉疮之毒。

我们虽然味道很苦,但是可以治

病,中医认为我们龙胆草是治肝火最好的中药。

要注意!

龙胆草本身寒凉,如果过量服用,会导致人体内寒毒过重,伤害脾胃,也会出现恶心呕吐及腹痛等不良症状,给身体带来伤害。另外,脾胃虚寒者忌用,阴虚津伤者慎用。

绣球花

　　我是胖胖的可爱的绣球花，开的花非常大，团团簇簇，宛如绣球，这就是我名字的由来。我还有很多别名：八仙花、粉团花、紫绣球等。我是木本植物，高 1 ～ 4 米，通常在 6—8 月份开花，花色有粉红、白、淡蓝、紫红等，果实像小陀螺。我有一个特殊的本领——变色，如果我生长在酸性土壤里，花色就会呈蓝色；如果生长在碱性土壤里，花色就会呈红色。很神奇吧？

植物小名片

木兰纲—山茱萸目—绣球花科

分布范围：东亚、欧洲热带、亚热带

生长习性：喜光耐半阴，不甚耐寒，喜温暖湿润的气候

种类：落叶灌木

用途：观赏植物，花瓣可入药，具有清热解毒、抗疟的功效

绣球花为什么会变色？

绣球花：我们绣球的花色是由一种叫作花青素的植物色素引起的。与一般花青素不同的是，当我们种植在酸性土壤中，土壤中的铝离子游离出来，与我们绣球中的色素结合，就会开出蓝色花。当我们种植在碱性土壤中，土壤中的铝离子处于结合态，不能被我们绣球花吸收，就会开出粉红色花。

除了受到土壤酸碱度的影响，我们绣球有的品种还会随着开放时间而改变，早期、中期、晚期花的颜色也不一样。比如，白色绣球初开偏绿，盛开期为白色，晚期慢慢变绿；粉色绣球晚期会变红，直到绣球花彻底枯黄衰败。

要是我们的衣服也有花青素就好了，这样就可以穿着花花绿绿的衣服了。

绣球花怎么养护？

绣球花：我们很好养护。你只要掌握我们的生长习性就能养好。我们喜欢温暖湿润的环境，不耐干旱，也不耐涝，也不耐寒。生长的土壤要肥沃，排水也要好，最好是酸性土壤。

生长期间，一般每15天施一次腐熟稀薄饼肥水。为保持土壤的酸性，可用1%～3%的硫酸亚铁加入肥液中施用。春、夏、秋季，要浇足水分，使盆土经常保持湿润。夏季天气炎热，蒸发量大，除浇足水分外，还要每天向叶片喷水。但是浇水也不能过多，防止盆中积水，导致烂根。

秋天，天气转凉，浇水要逐渐减少。霜降前要把我们移入室内，室温应保持在4℃左右。入室前要摘除叶片，以免烂叶。冬季宜将我们放在室内向阳处，第二年谷雨后出室为宜。

自己动手！

让可爱的绣球花变色！

想让绣球花变蓝色，可以在绣球花苞刚冒出时，取2～3克硫酸铝，勾兑1升清水，每隔10天左右给花浇一次，通常浇3～4次，绣球就能开出蓝色的花朵。除了硫酸铝，还可以用绣球调蓝剂调蓝，把调蓝剂撒在土壤表面，之后伴随着浇水，有效成分就会随水溶解到土壤中，改变绣球花的花色。

康乃馨原名香石竹，代表的是温馨的亲情之爱。要记得每年母亲节给妈妈送康乃馨哦！

康乃馨

小朋友，你知道母亲节送什么花吗？有的小朋友可能知道，答案就是我们康乃馨。我们是人类母亲节的象征，每年5月第二个星期日，全世界人类子女都会向伟大的母亲献上粉红色康乃馨，如果母亲不幸去世，则会献上白色的康乃馨。我的花色缤纷多彩，既有粉红、大红、鹅黄、白、深红，也有玛瑙色等复色及镶边等。

植物小名片

木兰纲—石竹目—石竹科

分布范围：世界各地

生长习性：喜温暖湿润、阳光充足且通风良好的环境，不耐炎热，忌湿涝

种类：多年生草本

用途：优异的切花品种，花可提取香精，也可入药，有清热解毒的功效

为什么母亲节要送康乃馨？

康乃馨：母亲节的传统始于安娜·贾维斯，她是美国母亲节的创始人。1906年5月9日，安娜的母亲不幸去世，安娜悲痛万分。在次年母亲逝世的周年忌日，她组织了一场追思母亲的活动，向所有参加活动的母亲送去了500枝白色康乃馨。白色康乃馨是安娜母亲最喜欢的花。

1912年，安娜成立了"母亲节国际协会"来推广这一天。1914年，美国第28任总统威尔逊签署公告，将每年5月的第二个星期日定为母亲节。这一举措被世界各国纷纷仿效，后来变成了世界性节日。

母亲节这一天，母亲健在的人佩戴粉红色康乃馨，并制成花束送给母亲，失去母亲的人则佩戴白色康乃馨，以示哀思。

康乃馨该怎么养护？

康乃馨：我们很好养殖，只要阳光、肥料充足，就能生长得很好。盆栽应选内径较大的高筒盆，盆底先施足含钾、钙、氮、磷的基肥。

移植后，晴天每天浇一次水，保持盆土潮润。生长期间每隔半个月交替施一次稀尿素水、骨粉或酱渣肥料，值得注意的是不宜施浓肥，而且每天应保证光照6～8小时。

盛夏时，应注意避免烈日暴晒，防止盆土积水，引起烂根。当我们长到15～20厘米高时，要及时摘心，这样可促进我们分枝。移栽后，只要水肥合适，温度适宜，光照充足，3个月我们就会开花。

花草小知识！

"世界四大切花"

月季、菊花、康乃馨、剑兰（唐菖蒲）是"世界四大切花"。切花是指从植物体上剪切下来的花朵、花枝、叶片等的总称。它们是插花的素材，也被称为花材，常用于插花或制作花束、花篮、花圈等花卉装饰。

槲寄生

我是美丽的槲（hú）寄生，檀香科槲寄生属半寄生植物。因为我没有根，所以只能寄生在别的植物上。我最喜欢寄生的植物是苹果树、白杨树、松树、麻栎树。我的花很小，呈淡黄色，果实的颜色随着宿主而改变。在西方文化里，我是希望、幸福、爱、和平、宽恕的象征。对了，我还是圣诞节不可缺少的装饰物呢！

植物小名片

木兰纲—檀香目—檀香科

分布范围：北半球热带、亚热带

生长习性：寄生

种类：多年生常绿寄生灌木

用途：树种形态优美，可观赏，茎枝可供药用

为什么西方过圣诞节，要在家里装饰槲寄生？

槲寄生：我们槲寄生有着无根和年年重生的特性，西方的凯尔特人认为我们非常神奇，把我们叫作"天赐仙草"，用我们来治病。他们还相信，我们红色的槲寄生果实象征着女性的生育能力，白色的槲寄生果实象征着男性的生殖力，两种果实合在一起，代表着大地母亲。古罗马、古希腊人也同样喜欢我们槲寄生，把我们称为"生命的金枝"。

后来基督教信徒将这种观念进行了延续，把我们融入圣诞节的庆祝活动中，于是我们就成了圣诞节的装饰物。

在北欧神话中，弱小的槲寄生竟然杀死了光明之神巴德尔。

槲寄生是怎样寄生在树上的？

槲寄生：我们依靠鸟类来传播种子，当鸟类吃下我们的果实后，种子和未完全消化的果肉随粪便排出。这些带黏液的种子落在树上，就会慢慢生根发芽，长成新的槲寄生。

即使我们的种子没有落到树上，也没关系，因为我们的果核很硬，不会轻易腐烂，这可以让我们花时间慢慢寻找合适的寄主。我们的种子三四年后还可以发芽生长。

真可怕！

植物"吸血鬼"

寄生植物被称为植物"吸血鬼"，有全寄生和半寄生两种。全寄生植物体内没有叶绿素，几乎没有叶片，完全靠寄主提供营养，如花草科、蛇菰科、列当科等。半寄生植物既能通过宿主获取养分，也能进行光合作用，如桑寄生科、檀香科槲寄生属植物。

菟丝子

我是被人类称为植物"吸血鬼"的菟丝子。我的名声在人类世界可能不太好，因为我时常寄生在农作物身上，影响农作物生长。但这也不能全怪我，因为我是全寄生性植物，既没有根，也没有叶子，无法靠自己获得营养，只能通过细长的茎攀附在宿主身上，借助吸器吸收宿主的营养。虽然我给人类带来了不少损失，但我也并非一无是处，我的种子干燥后可以入药，能够补肾益精，养肝明目。

植物小名片

木兰纲—茄目—旋花科
分布范围：美洲和亚洲
生长习性：喜高温湿润气候，对土壤要求不高，适应性较强
种类：一年生寄生草本
用途：干燥成熟的种子可入药

菟丝子是怎样寄生的?

菟丝子:我没有叶片,也没有根,只能靠吸收其他植物的水分和营养生活。我对宿主要求非常低,可以寄生在多达 100 种植物上。我最喜欢寄生在农作物和各种花卉上,一旦寄生就会非常"贪婪"地吸食它们的营养,直到把它们的营养吸干为止,所以人类很讨厌我们,骂我们是植物"吸血鬼"!

在我国古代文化中,菟丝子是爱情的象征,在《古诗十九首》中这样写道:"冉冉孤生竹,结根泰山阿。与君为新婚,菟丝附女萝。"

菟丝子是十恶不赦的植物吗?

菟丝子:我们并非一无是处。我们的种子是一种非常有价值的中药,具有滋补肝肾、固精缩尿、安胎、明目、止泻等功效,可治疗肾虚、胎动不安等。《神农本草经》中还把我们列为上品呢。而且现在科学研究表明,我们菟丝子含有黄酮类(金丝桃苷、菟丝子苷)、有机酸类(绿原酸)等成分,还含钙、钾、磷等微量元素,具有延缓衰老、抗骨质疏松、增强免疫等功效。

除了药用价值,我们还能与宿主植物结成"联盟",抗病虫害。因为我们菟丝子很少生病,所以吃我们的虫子也不多。

没想到吧!

经过科学家研究发现,菟丝子居然能够对"自我"寄生,若不小心缠上自身的茎,菟丝子同样也会产生吸器吸取营养。而且菟丝子不能控制自己开花,因为它丢失了很多与控制开花时间相关的基因。菟丝子的花期一般跟寄主同步,也就是说寄主什么时候开花,它们也就什么时候开花。

佛手柑

　　我是神奇的佛手柑，又名五指橘、蜜罗柑、五指香橼（yuán）、五指柑。我之所以受人类喜爱，是因为我结的果实非常奇特，像人类的手指一样。我的名字也源于此。我的老家在印度，我喜光、喜温暖，不耐寒，耐阴、耐瘠、耐涝，一年可多次开花，花色以白色为主；果期在6—10月份，果实肉白，无种子，有多种形状，握指合拳的称"拳佛手"，伸指开展的叫"开佛手"。

植物小名片

木兰纲—无患子目—芸香科

分布范围：原产于印度，主要分布在热带、亚热带

生长习性：喜光，喜温暖、雨量充足、冬季无冰冻的环境，不耐寒，耐阴、耐瘠、耐涝

种类：常绿灌木或乔木

用途：观赏或做庭院栽培和盆景，果实可食，全株皆可入药

佛手柑有哪些功效和作用?

佛手柑:我们佛手柑是一种性质温和、味道酸涩的果实,能疏肝理气,对人类因肝气不舒引起的胸肋胀痛和失眠健忘,以及心烦易怒等症,有很好的调理和预防作用。人们在需要时可以把我们切片来泡水喝。

此外,我们还能调理脾胃,提高脾胃消化功能,对人类的脾胃不和、消化不良、食少呕吐等症都有一定的缓解作用。在需要时,可以把我们与玄参、延胡索等中药材搭配煎汤服用。

佛手柑还有抗抑郁、抗菌、抗炎、抗衰老、降血压等作用。

佛手瓜是佛手柑吗?

佛手柑:不是。我们佛手柑常用来做药,样子像张开的佛指。佛手瓜是蔬果,又名安南瓜、寿瓜,其瓜形如双掌合十,清脆多汁。

功效上,我们佛手柑一般用于疏肝理气、养胃止咳,而佛手瓜则是降压保健的好手。如果出现消化不良、胸闷气胀、呕吐、痰饮咳喘、肝胃气痛等症,可以试试用我们的佛手柑片泡水喝。

另外,佛手瓜热量较低、钠含量

低,有利尿排钠、扩张血管、降压等功效,非常适合心脏病、高血压病患者的日常保健。

花草小知识!

自带仙气的果实

佛手谐音"福寿",是多福多寿的象征,在中国古代画作中,佛手柑多与桃、石榴相配。祭祀清供也多用佛手柑。

图书在版编目（CIP）数据

花儿的世界 / 梦学堂编 . —— 北京 : 北京日报出版
社，2024.6

（带着科学去旅行 : 中国少年儿童百科全书）

ISBN 978-7-5477-4763-6

Ⅰ . ①花… Ⅱ . ①梦… Ⅲ . ①花—儿童读物 Ⅳ .
① Q944.58-49

中国国家版本馆 CIP 数据核字（2023）第 254808 号

带着科学去旅行：中国少年儿童百科全书

花儿的世界

责任编辑：辛岐波

出版发行：北京日报出版社

地　　址：北京市东城区东单三条 8-16 号东方广场东配楼四层

邮　　编：100005

电　　话：发行部：（010）65255876

　　　　　总编室：（010）65252135

印　　刷：新生时代（天津）印务有限公司

经　　销：各地新华书店

版　　次：2024 年 6 月第 1 版

　　　　　2024 年 6 月第 1 次印刷

开　　本：710 毫米 ×1000 毫米　1/16

总 印 张：40

总 字 数：588 千字

定　　价：248.00 元（全 10 册）